哈麗特‧齊弗特
著有兒童讀物逾200多本,是藍蘋果(Blue Apple Books)出版社的創始人,目前定居在麻州伯克夏郡。

布萊恩‧菲茨傑拉德
是享譽國際並曾獲許多獎項的插畫家,定居在愛爾蘭。

林郁芬
譯有《媽咪爸比,我也可以!》、《向世界傳愛的100個親親》、《沒有尾巴的小美人魚》。

樹木帶來令人驚喜的美好生活

感謝有樹

SDGs生態永續繪本

文／哈麗特·齊弗特·圖／布萊恩·菲茨傑拉德

獻給班巴
—B.F.

感謝有樹：樹木帶來令人驚喜的美好生活(SDGs 生態永續繪本)

作　　　者：哈麗特·齊弗特
繪　　　者：布萊恩·菲茨傑拉德
譯　　　者：林郁芬
企劃編輯：許婉婷
文字編輯：江雅鈴
設計裝幀：張寶莉
發 行 人：廖文良

發 行 所：碁峰資訊股份有限公司
地　　　址：台北市南港區三重路 66 號 7 樓之 6
電　　　話：(02)2788-2408
傳　　　真：(02)8192-4433
網　　　站：www.gotop.com.tw
書　　　號：ACK019500
版　　　次：2025 年 06 月初版
建議售價：NT$360

授權聲明：Be Thankful for Trees
Text copyright © 2022 Harriet Ziefert. Illustrations copyright © 2022 Brian Fitzgerald. Published in 2022 by Red Comet Press

國家圖書館出版品預行編目資料

感謝有樹：樹木帶來令人驚喜的美好生活(SDGs 生態永續繪本) / 哈麗特·齊弗特原著；布萊恩·菲茨傑拉德繪；林郁芬譯. -- 初版. -- 臺北市：碁峰資訊, 2025.06
　　面；　公分
　　國語注音；SDGs 生態永續繪本
　　譯自：Be thankful for trees: a tribute to the many & surprising ways trees relate to our lives
　　ISBN 978-626-425-091-7(精裝)
　　1.CST：樹木　2.CST：自然保育　3.CST：繪本　4.SHTB：植物--3-6 歲幼兒讀物
436.1111　　　　　　　　　　　　　　　　　114006647

商標聲明：本書所引用之國內外公司各商標、商品名稱、網站畫面，其權利分屬合法註冊公司所有，絕無侵權之意，特此聲明。

版權聲明：本著作物內容僅授權合法持有本書之讀者學習所用，非經本書作者或碁峰資訊股份有限公司正式授權，不得以任何形式複製、抄襲、轉載或透過網路散佈其內容。版權所有‧翻印必究

本書是根據寫作當時的資料撰寫而成，日後若因資料更新導致與書籍內容有所差異，敬請見諒。若是軟、硬體問題，請您直接與軟、硬體廠商聯絡。

一
樹是食物

沒有樹,
生活還會那麼令人滿足嗎?
不會!

有楓糖漿可以取用……

有胡桃可以採摘……

有堅果、莓果和樹皮，

可以啃,可以咬,可以舔。

無尾熊吃的樹葉……

大貓熊吃的竹子……

長頸鹿伸長脖子,享受金合歡樹提供的美味大餐。

你愛吃的蘋果和糖漿……

我愛吃的櫻桃和巧克力……

一棵又一棵的樹木，
餵養了人們和動物。

二
樹是舒適

沒有樹,
生活還會那麼舒服嗎?
不會!

是什麼，給了我們椅子……

給了我們雙腳可以踩著的地板……

還給我們一個可以跟家人一起吃飯的地方？

是什麼，給了你一張沙發……

一張舒適的躺椅……

還有能爬上閣樓的梯子。

嬰兒的搖籃……

上下鋪的床……

有媽媽掌管的餐桌。

樹提供了木材！
給我們地方坐，
也給我們地方睡。

三、樹是音樂

沒有樹,
生活還會充滿美妙的旋律嗎?
不會!

琴和邦哥鼓……

小提琴和弓……

大提琴低聲嗚咽，
寂寥而低沉。

鼓聲咚咚……

琴_{ㄑㄧㄣˊ}聲_{ㄕㄥ}錚_{ㄓㄥ}錚_{ㄓㄥ}……

有樹木提供的木材，
才有音樂的叮叮咚咚，
咿咿呀呀。

四

樹是藝術

沒有樹，
生活還會那麼美麗嗎？
不會！

畫畫用的紙張……

廚師看的食譜……

營業中

告示牌、雜誌，
還有好棒的書本！

用ㄩㄥˋ畫ㄏㄨㄚˋ筆ㄅㄧˇ和ㄏㄜˊ顏ㄧㄢˊ料ㄌㄧㄠˋ……

或拿起色筆塗鴉……

各種紙上的創意，
展現在書架上！

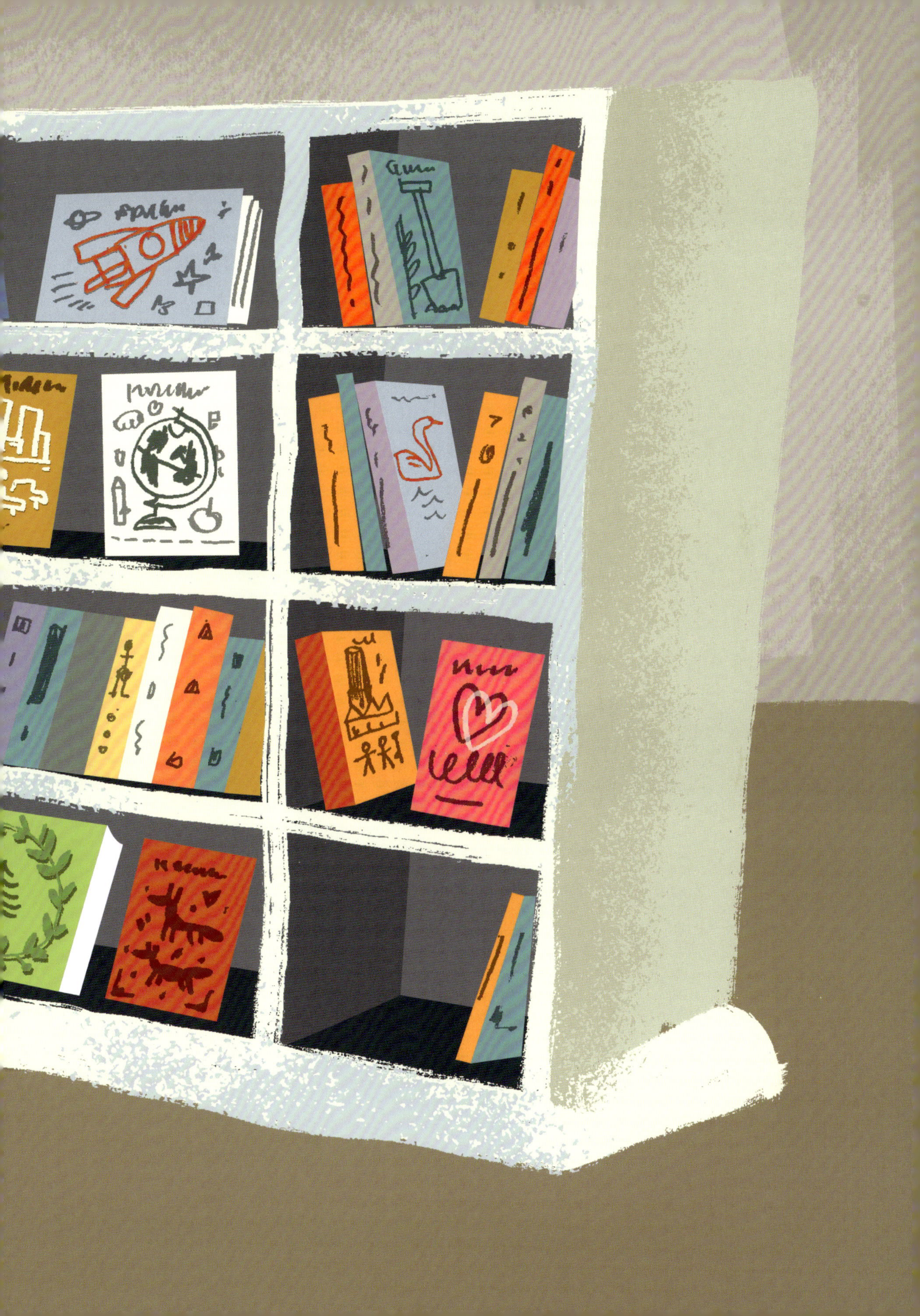

大家應該都同意，
樹啟發了我們的創意！

五、樹是休閒娛樂

沒有樹,
生活還會那麼有趣嗎?
不會!

在空中翻騰的紙風箏……

在水面飄蕩的小船……

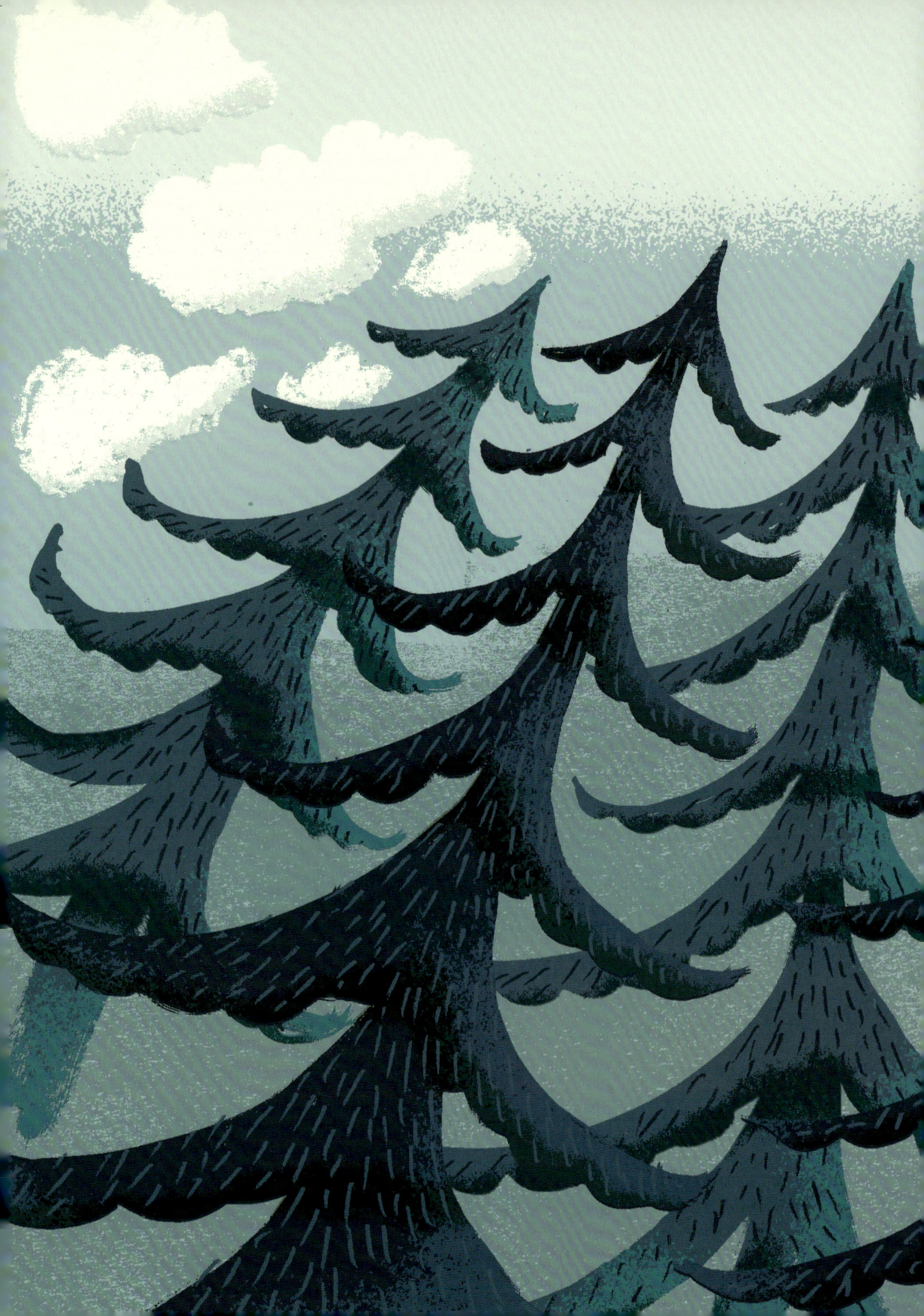

參天的樹木，
襯得天空更清朗。

船櫓和手槳……

用木板條做成的長椅一……

滑板、平衡木,
還有長長的木球棒。

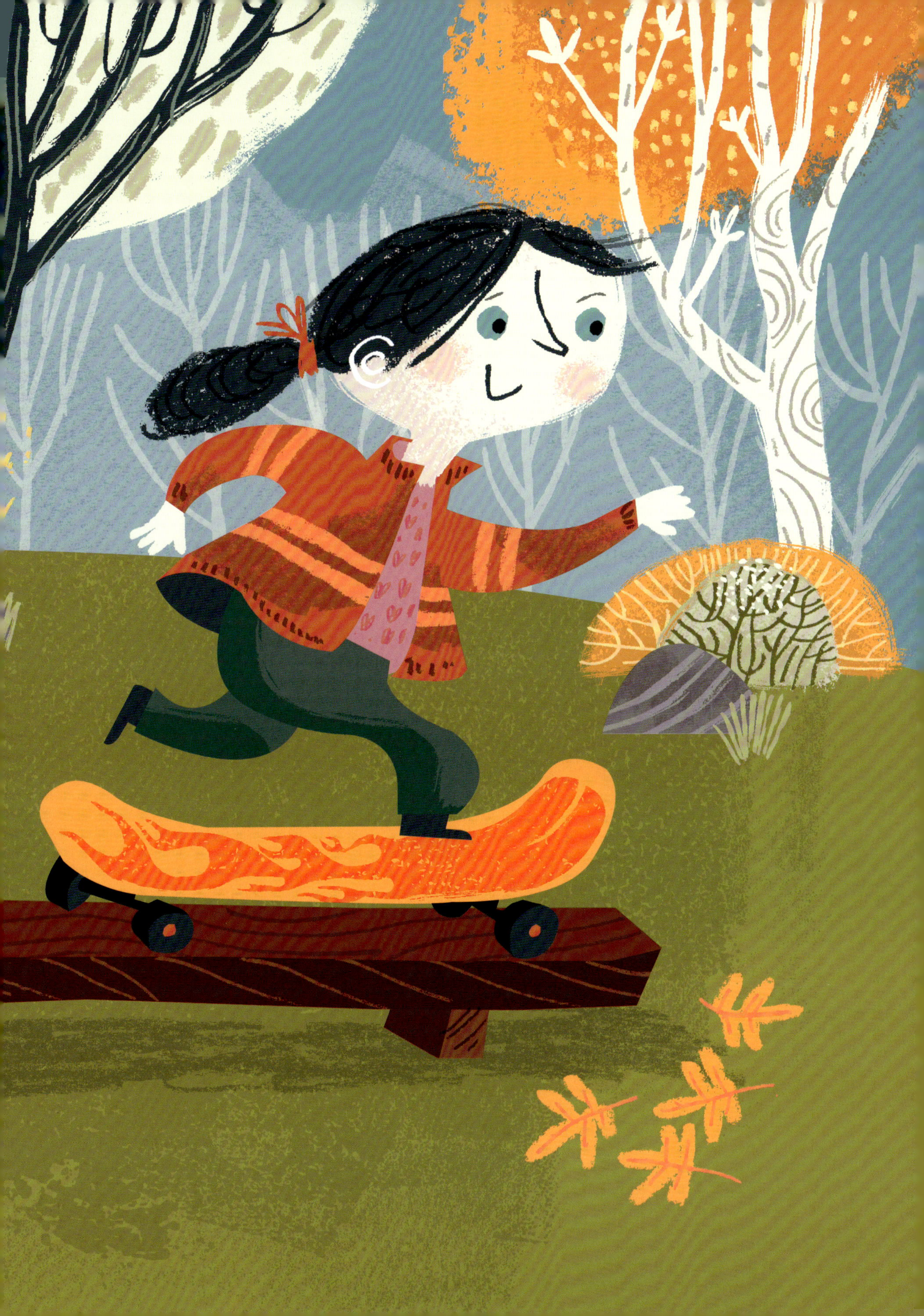

樹木提供木材，經過切割，製成小朋友的玩具。

六

樹是家

沒有樹，
生活還會那麼愜意嗎？
不會！

結實的枝幹能繫上鞦韆，
坐上去盪呀盪……

能把自己掛著，或在上頭休息……

分岔完美的枝幹,
穩穩托住漂亮的小小鳥巢。

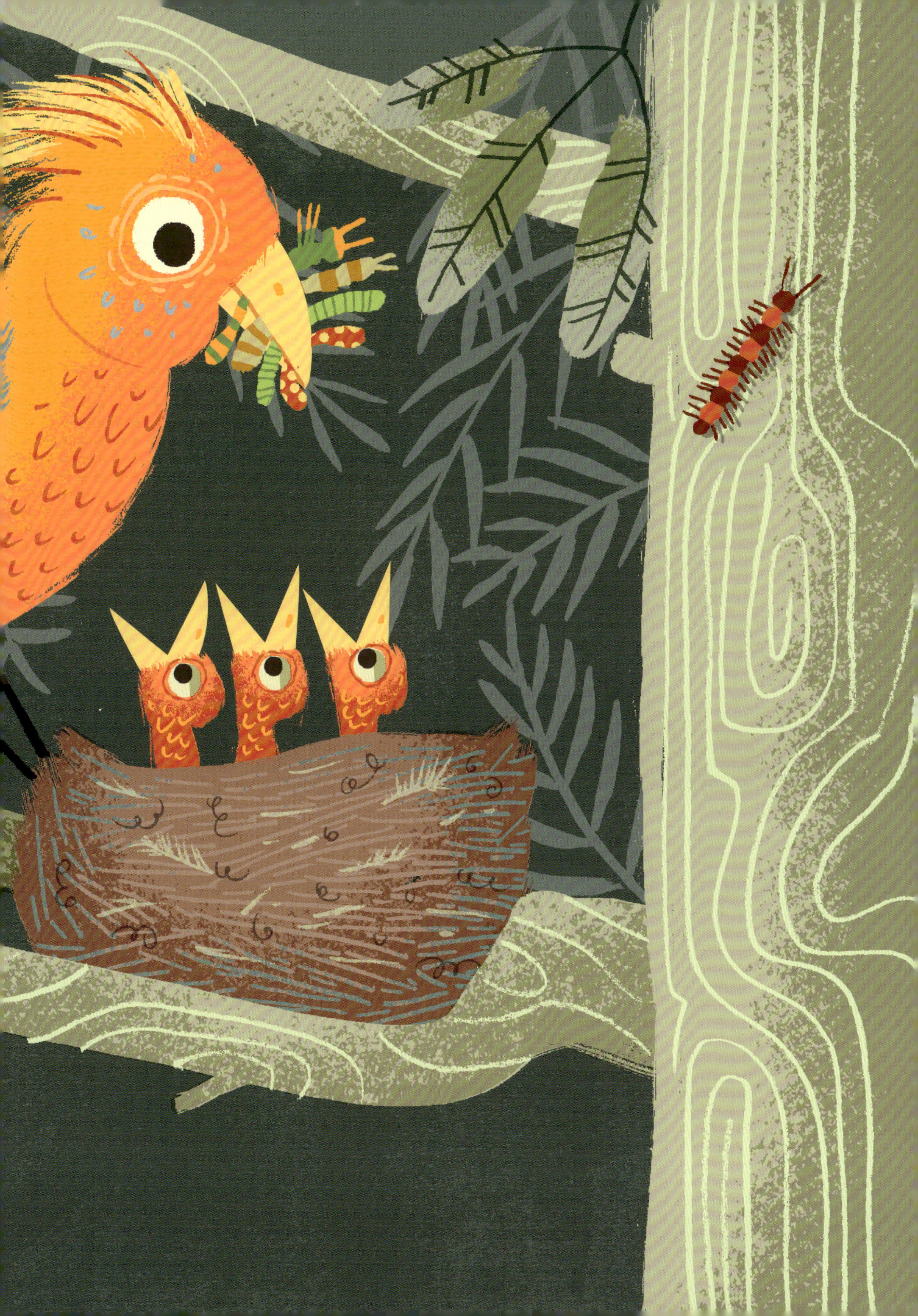

青蛙的棲身之處……

藏身在樹根之間的洞穴……

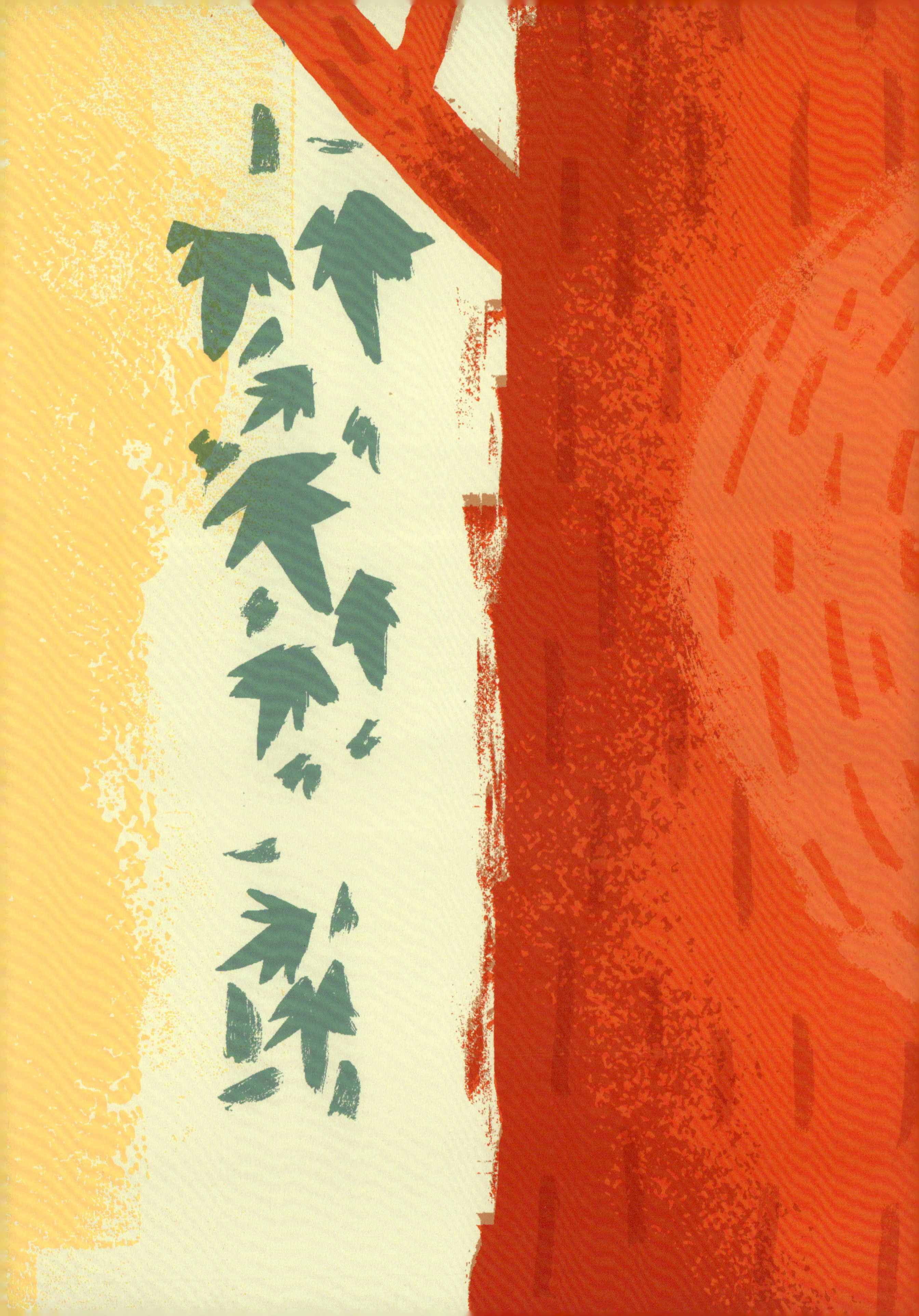

「這個大樹洞是我的！」
貓頭鷹咕咕咕的大聲說。

枝繁葉茂的大樹……

為我們遮風擋雨⋯⋯

樹是家。一個可以安穩歇息的地方。

七

樹是生命

沒有樹,
生命還可能存在嗎?
不可能!

暴風雨、火災和洪水……

各式各樣的建設工程……

樹木需要被保護,
才不會受到人為破壞。

否則鳥兒會無處築巢,
這世界會沒有樹蔭,也沒有綠意……

樹木能讓土壤肥沃，
保持空氣清新。

到涼爽的森林裡走走，
聞聞那帶有松木清香的氣息。

記得,永遠要⋯⋯

對樹木心懷感恩！